Matherad 1

Expertenheft

Nina Fiedel-Gellenbeck
Alma Tamborini

Ernst Klett Verlag
Stuttgart • Leipzig • Dortmund

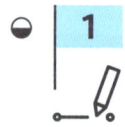

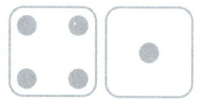   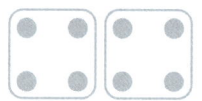 

  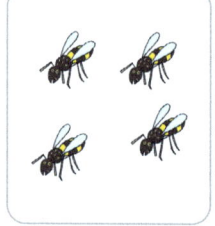  

 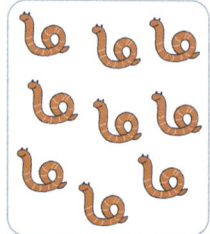   

Ziffern schreiben und zählen
Sudoku

das Sudoku

In jeder Zeile, Spalte und in jedem kleinen Quadrat darf jede Zahl nur einmal vorkommen.

das Quadrat   **die Spalte**

1	2	3	4
4			2
2	1		3
3	4	2	1

die Zeile

3 Verwende: 1 2 3 4

4	1	3	2
	3	1	4
3		4	1
	4	2	

4	2	3	
		4	2
3	1		
	4	1	3

	4	1	
2			3
4		3	
	3		4

2		4	
	3		1
			4
3	4		

3	4		1
	2		3
2		1	
4		3	2

	1		
		3	
	2		
			2

4

	1		2
2			4
3	2		

4			
	3		
		1	4
			1

1			
	2		
3			1

□ ▤→ **Arbeitsbuch 1** S. 17

● **5** Verwende: **6 7 8 9**

9	8	6	
	7	9	8
7	6	8	
	9	7	

6		9	7
7		6	
	6		9
	7		6

	9		8
8	7	9	
	8	6	
9		8	

6	7	9	8
8			
7		6	
9			7

			6
9	6	7	8
	9	8	
8			

9		7	
			6
7	8		
			7

● **6** Verwende: **5 6 7 8 9**

			6	
5	6	7		
8	7		5	
6	9			
7				6

		6	5	8
5				6
6	8			7
7	5			9
8		9		

6	5	9		
	7	6		8
9				
7		8		6
				9

6		9		5
			5	7
	5		9	6
5	9	7		
8	6			

> Du darfst ein Plättchen neben, unter oder über ein vorhandenes Plättchen legen.

7 Lege immer 3 Plättchen. Wie viele Möglichkeiten findest du?

Wie bist du vorgegangen?

_____

_____

8 Lege immer 4 Plättchen. Finde alle Möglichkeiten.

Woher weißt du, dass du alle Möglichkeiten gefunden hast?

_____

_____

→ **Arbeitsbuch 1** S. 21

Ich verbinde die Zahlen der Reihe nach. Die Linien dürfen sich nicht berühren.

9

4 1 5

8 3 10

6 2 7 9

10

1 13 12 2

11 18 15

20 19

8 17

7 9 16 14

10 6 5 3

4

Ich trage die fehlenden Zahlen ein.
Vor der 17 steht die 16.

11

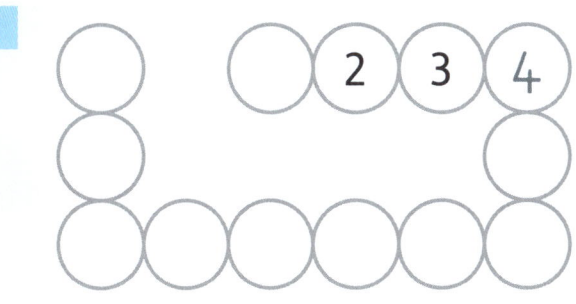

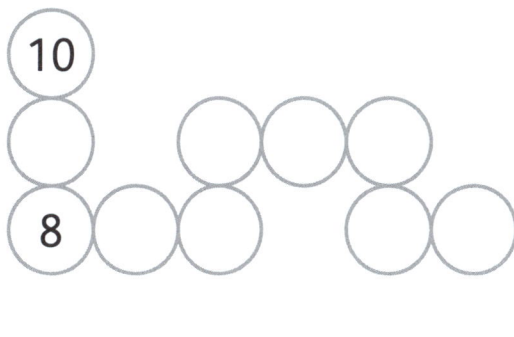

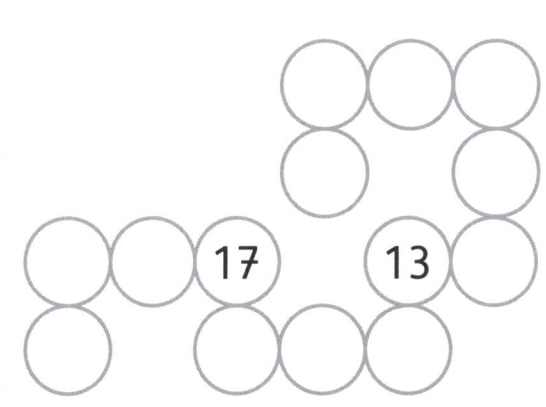

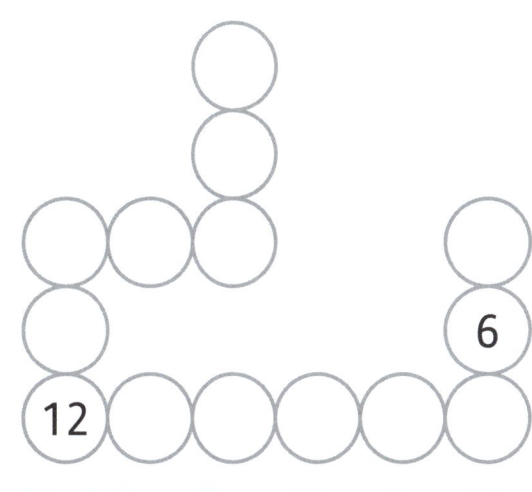

12

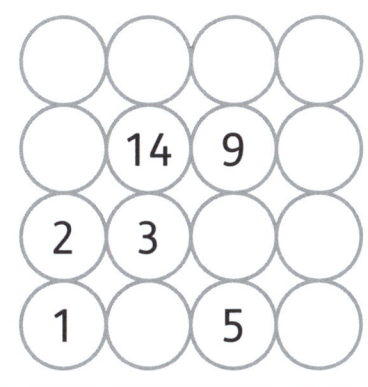

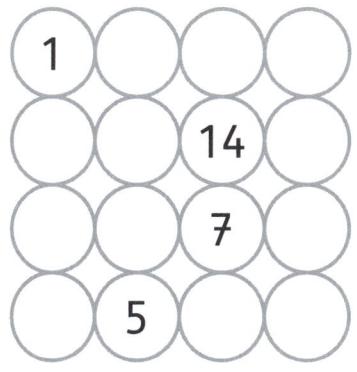

Zahlen vergleichen

 **13**

5 ~~7~~ ~~6~~

3 < 5 < 6

5 8 1|2

6 < ☐ < 11

3 5 2

9 > ☐ > 4

3 9 6

10 > ☐ > 6

2 9 6

0 < 5 > ☐

6 8 9

8 > ☐ < 7

14

1|5
~~1|3~~   ~~1|7~~

16 > 15 > 13

1|9
1|4   1|7

16 > 15 > ☐

1|6
1|5   1|2

☐ < 14 < ☐

1|7
1|6   1|9

☐ < ☐ < 20

1|8
1|3   1|6

☐ > 15 < ☐

1|1
1|2   1|0

10 < ☐ > ☐

8 ☐ ☐→ Arbeitsbuch 1 S. 33

Zwanzigerfeld

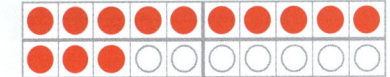

15 Immer 8 Plättchen. Ergänze das Muster.

16 Immer 8 Plättchen. Lege verschiedene Muster.

Kreuze an, wo du schnell 8 Plättchen erkennen kannst.

17 Lege verschiedene Muster. Die Anzahl der Plättchen kann in jedem Zwanzigerfeld unterschiedlich sein.

Kreuze an, wo du schnell erkennen kannst, wie viele Plättchen im Zwanzigerfeld liegen.

☐ ☐→ Arbeitsbuch 1 S. 35

9

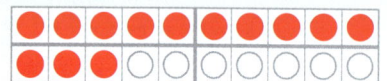

Zwanzigerfeld

18 Wie viele Plättchen fehlen? Male sie dazu.

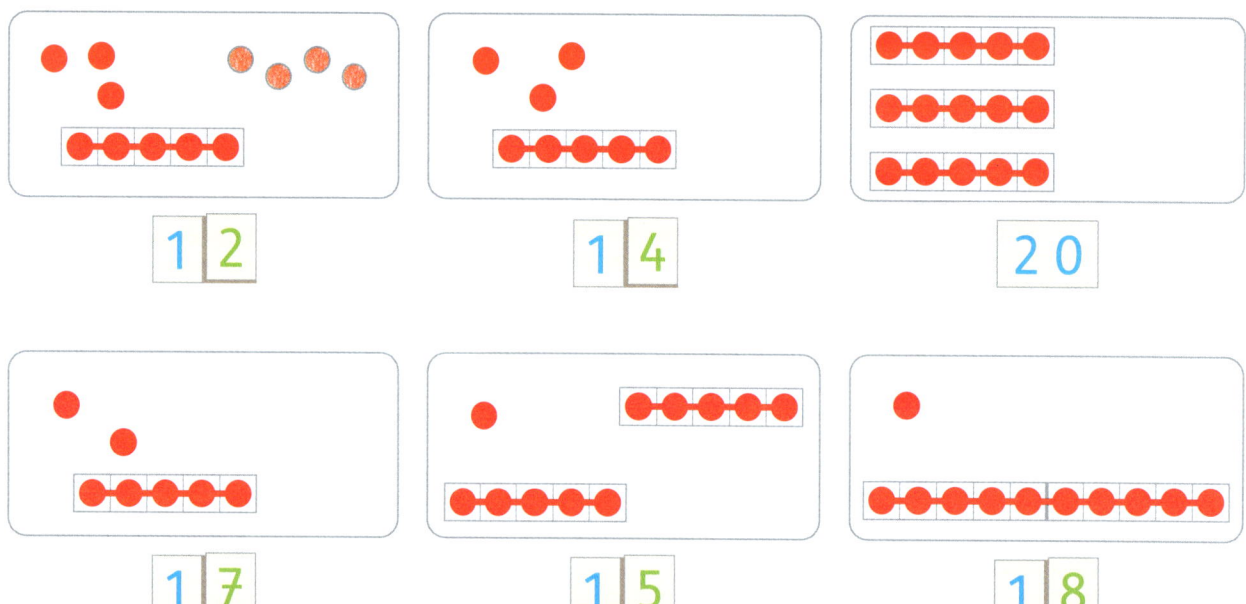

1 2   1 4   2 0

1 7   1 5   1 8

19 Immer ein Fünferstreifen dazu. Wie heißt die Zahl?

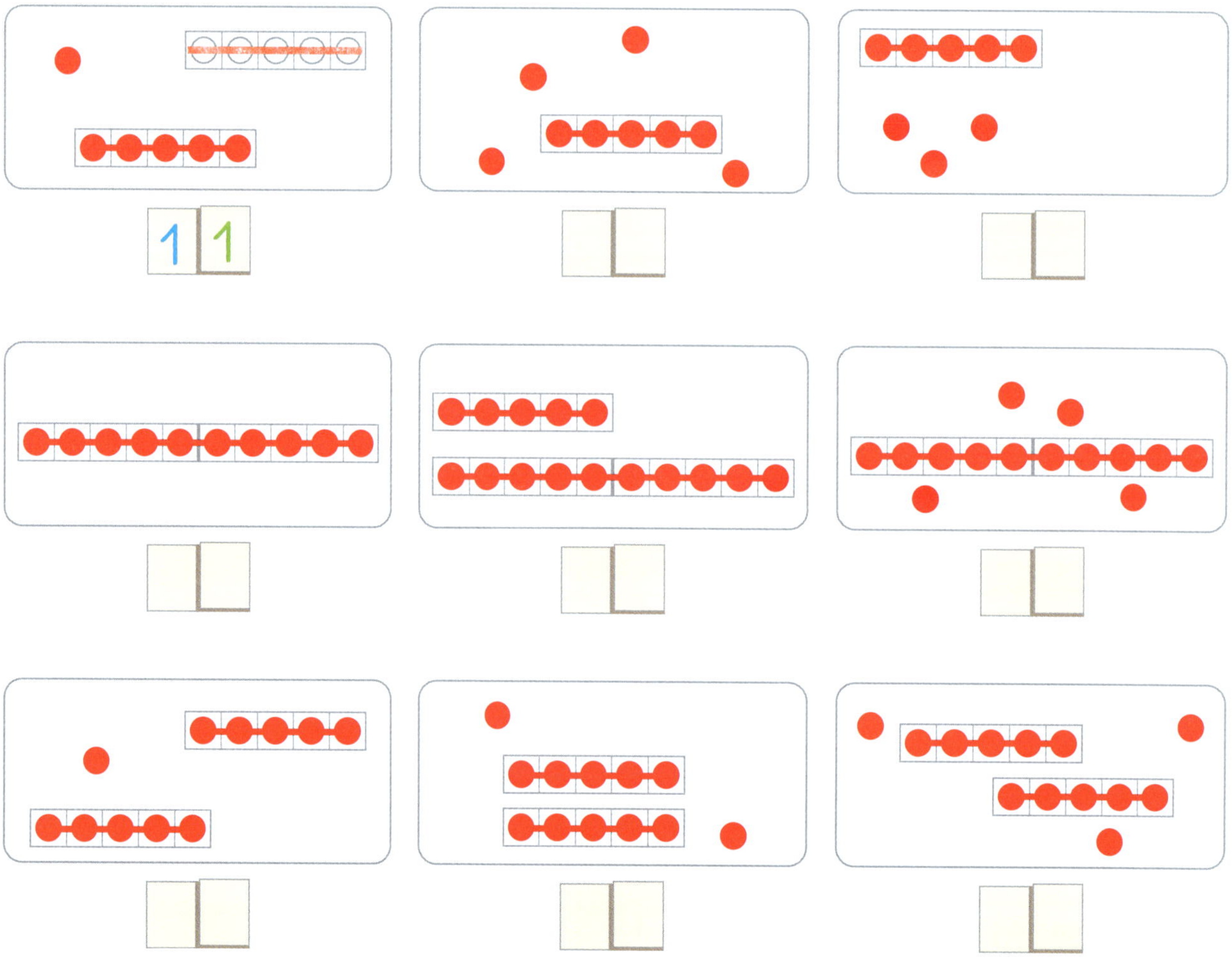

1 1

□ ▯→ Arbeitsbuch 1 S. 37

Knobelseite

20 Auf dem Nordmarkt sollen keine Blumenbeete mit der gleichen Farbe nebeneinander liegen.

21 **Heft**

Male eigene Parks. Beachte, dass du nur 4 Farben benutzen darfst.

□ → Arbeitsbuch 1 S. 41

Knobelseite

> Nachbarzahlen dürfen nicht durch einen Strich verbunden sein.

22 Trage die Zahlen von 1 bis 5 ein. Beachte die Regel.

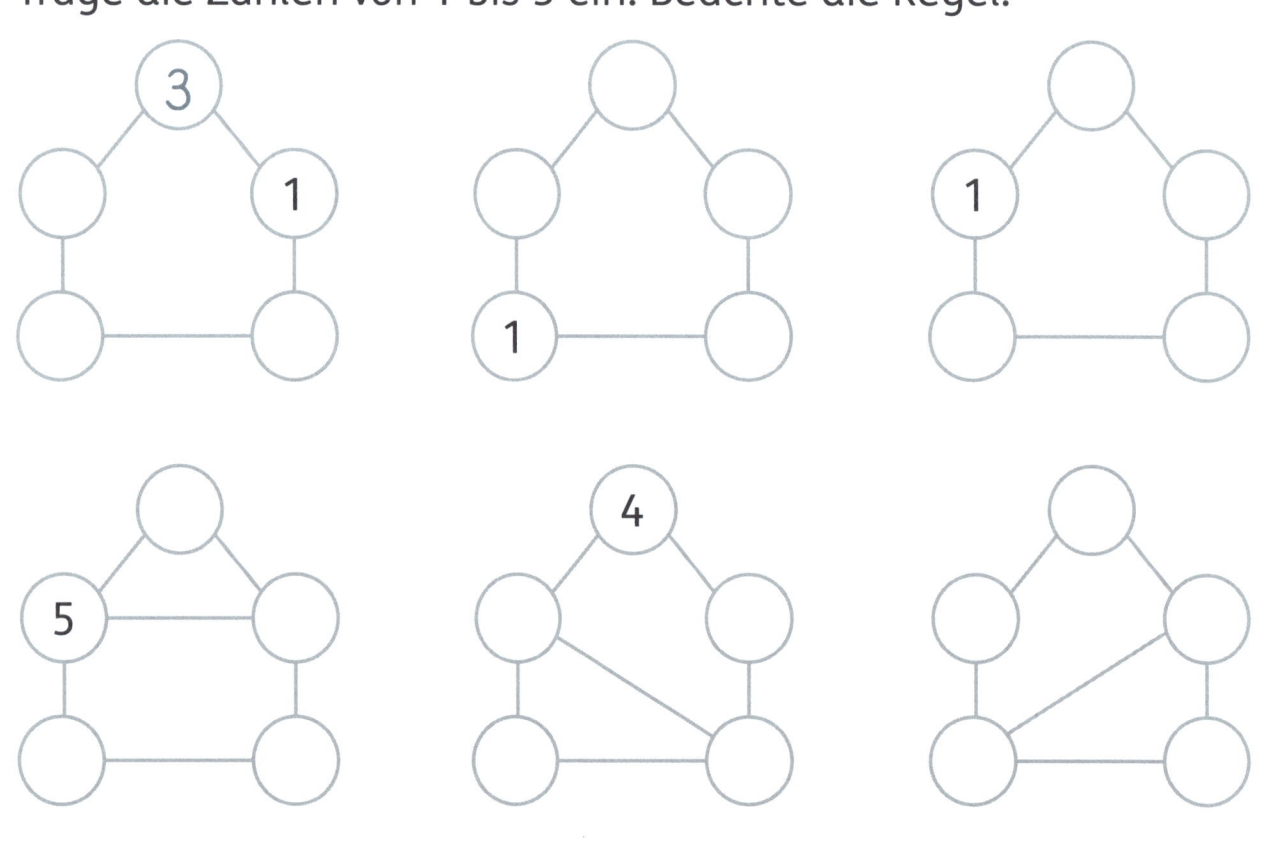

23 Trage die Zahlen von 1 bis 6 ein. Beachte die Regel.

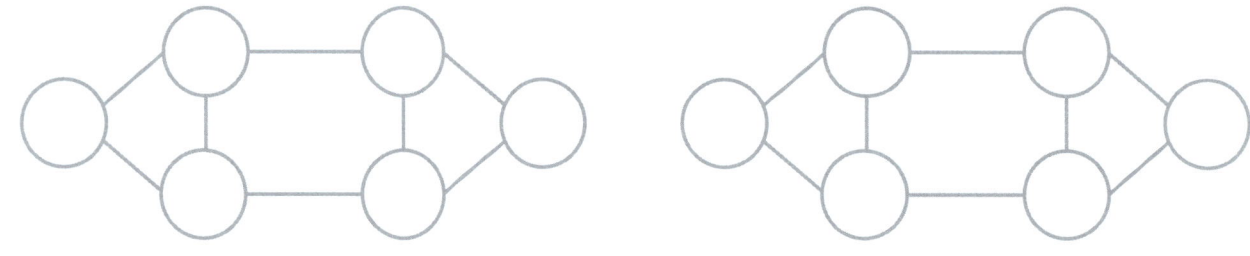

□ ▯→ **Arbeitsbuch 1** S. 41

Zahlen zerlegen

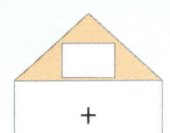

1

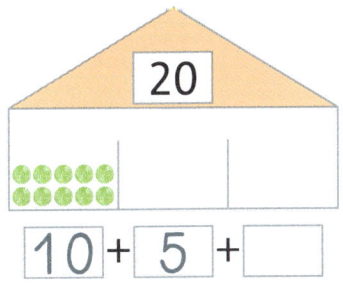

$10 + 5 + \square$

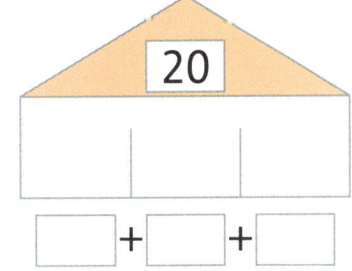

$\square + \square + \square$

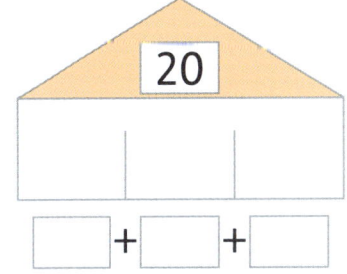

$\square + \square + \square$

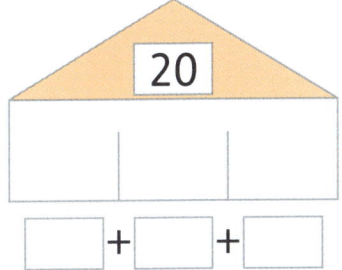

$\square + \square + \square$

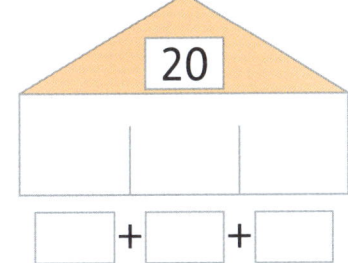

$\square + \square + \square$

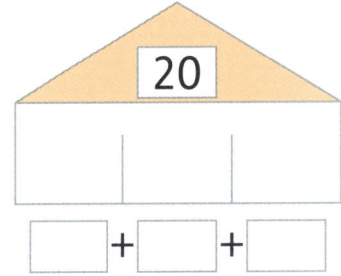

$\square + \square + \square$

2

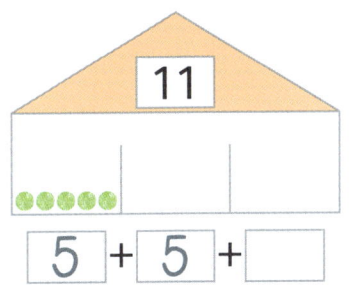

$5 + 5 + \square$

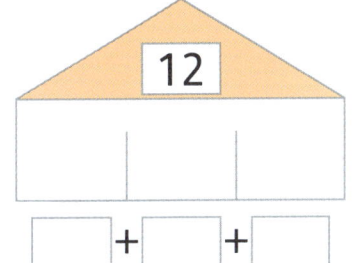

$\square + \square + \square$

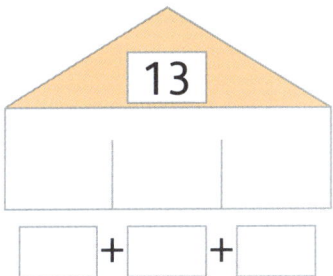

$\square + \square + \square$

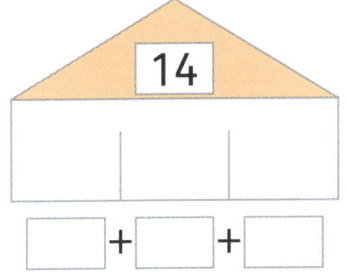

$\square + \square + \square$

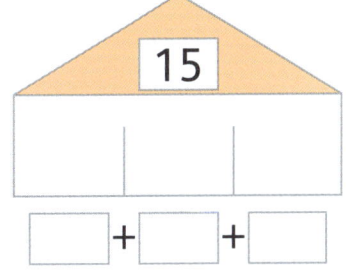

$\square + \square + \square$

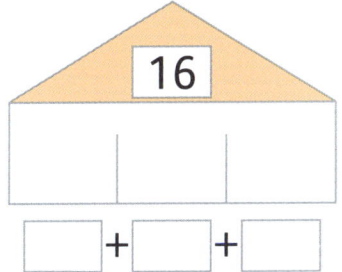

$\square + \square + \square$

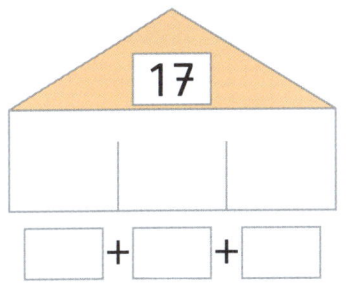

$\square + \square + \square$

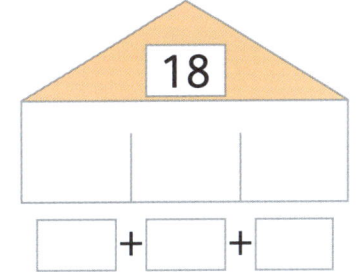

$\square + \square + \square$

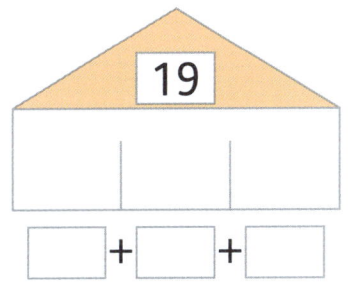

$\square + \square + \square$

□ □→ Arbeitsbuch 1 S. 43

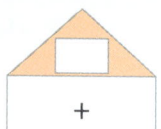

Zahlen zerlegen
Rechendreiecke

Ich habe 7 Plättchen so verteilt, dass benachbarte Felder der Außenzahl entsprechen.

das Rechendreieck

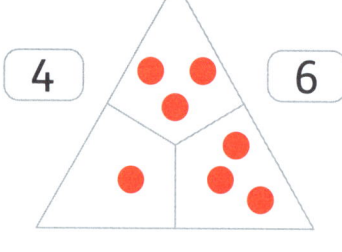

die Außenzahl

3

Verteile immer 7 Plättchen im Rechendreieck.

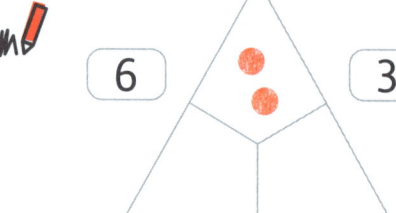

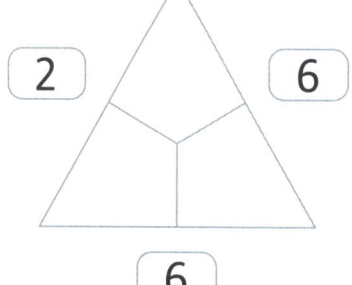

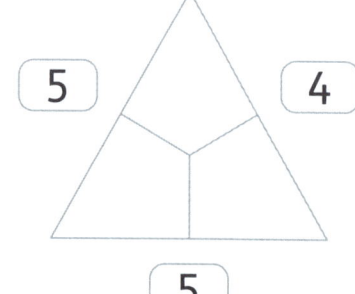

4

Verteile immer 10 Plättchen im Rechendreieck.

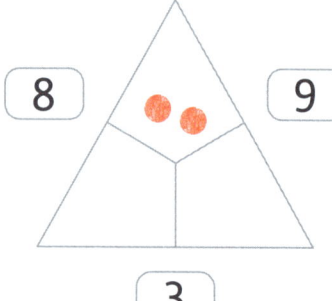

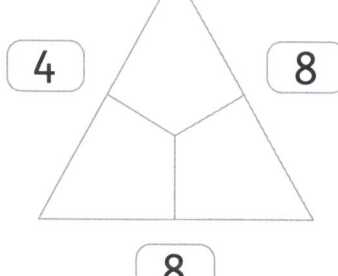

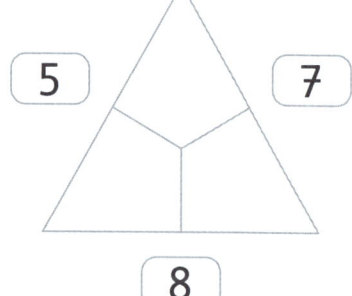

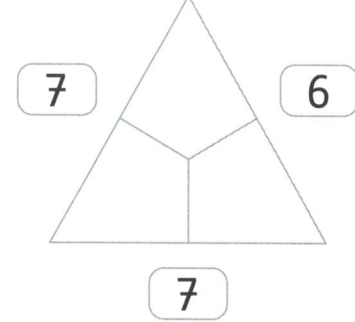

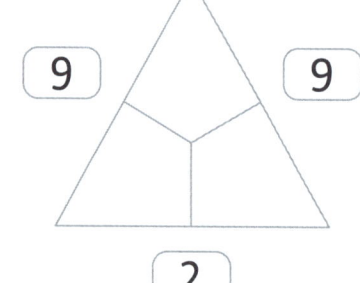

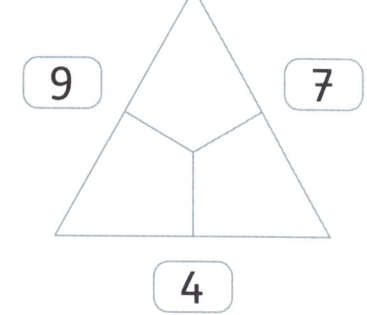

□ ▯→ **Arbeitsbuch 1** S. 45

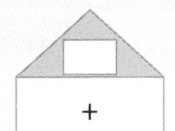

Zahlen zerlegen
Rechendreiecke

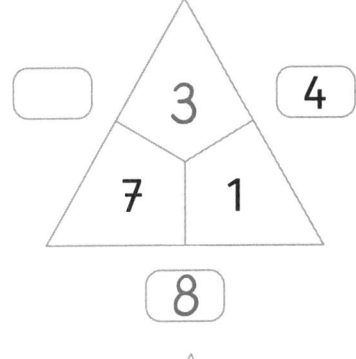 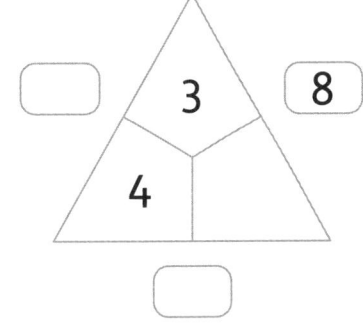 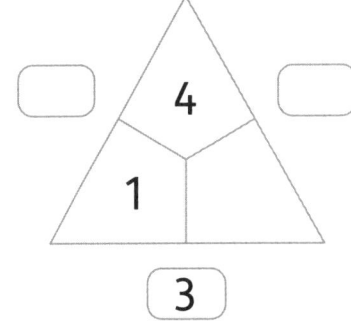

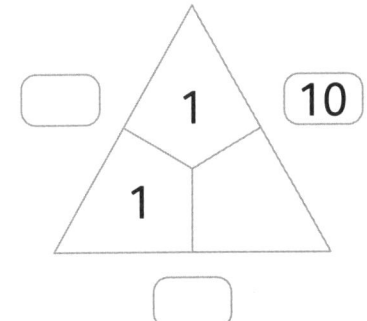 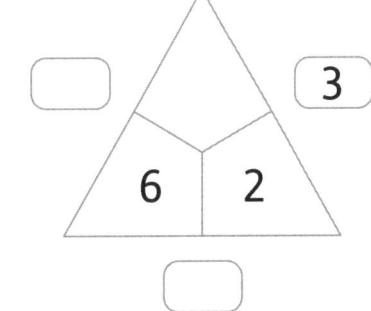 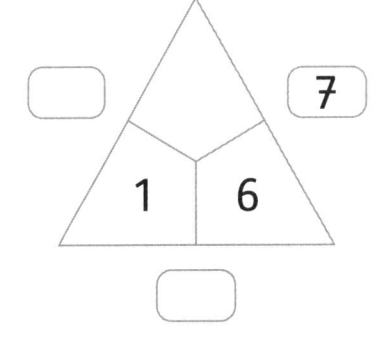

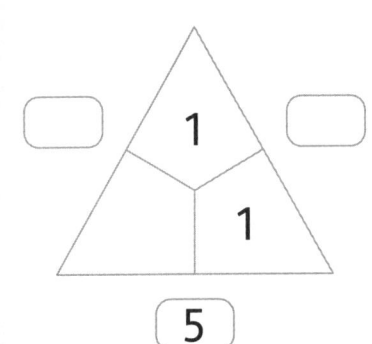 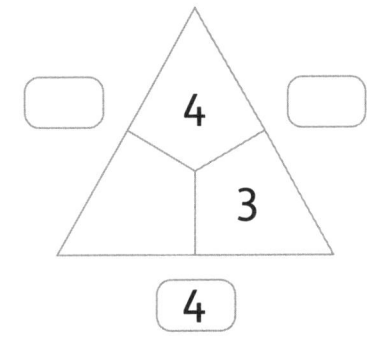 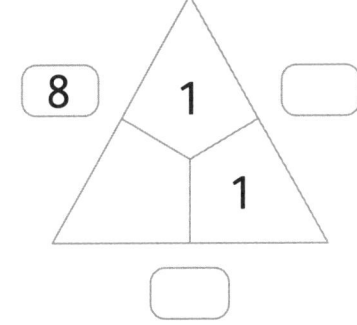

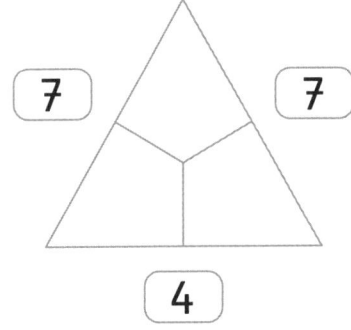 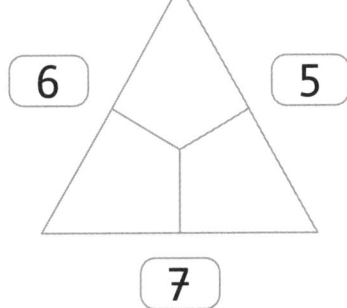 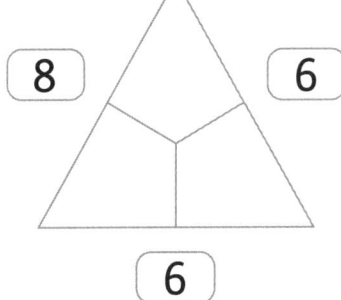

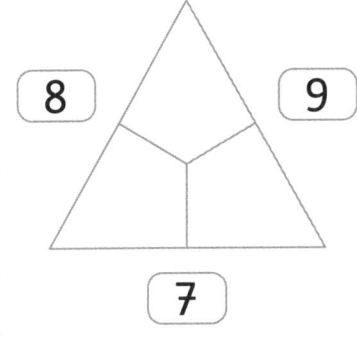 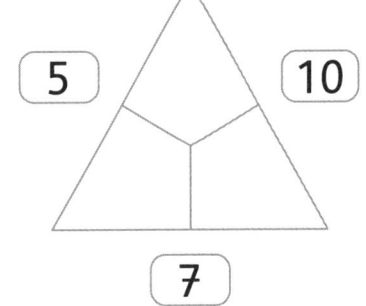 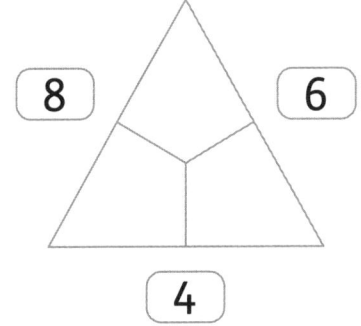

□ 🗐→ Arbeitsbuch 1 S. 45

15

Plusaufgaben mit Trick

7

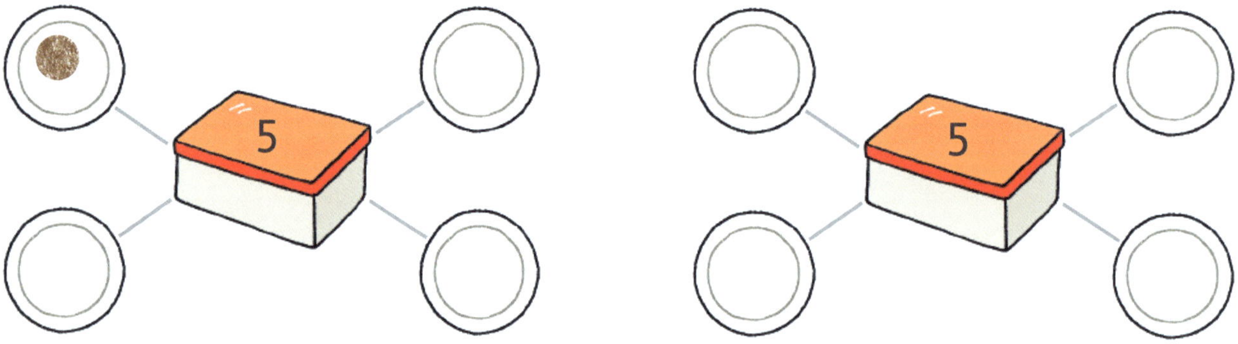

8

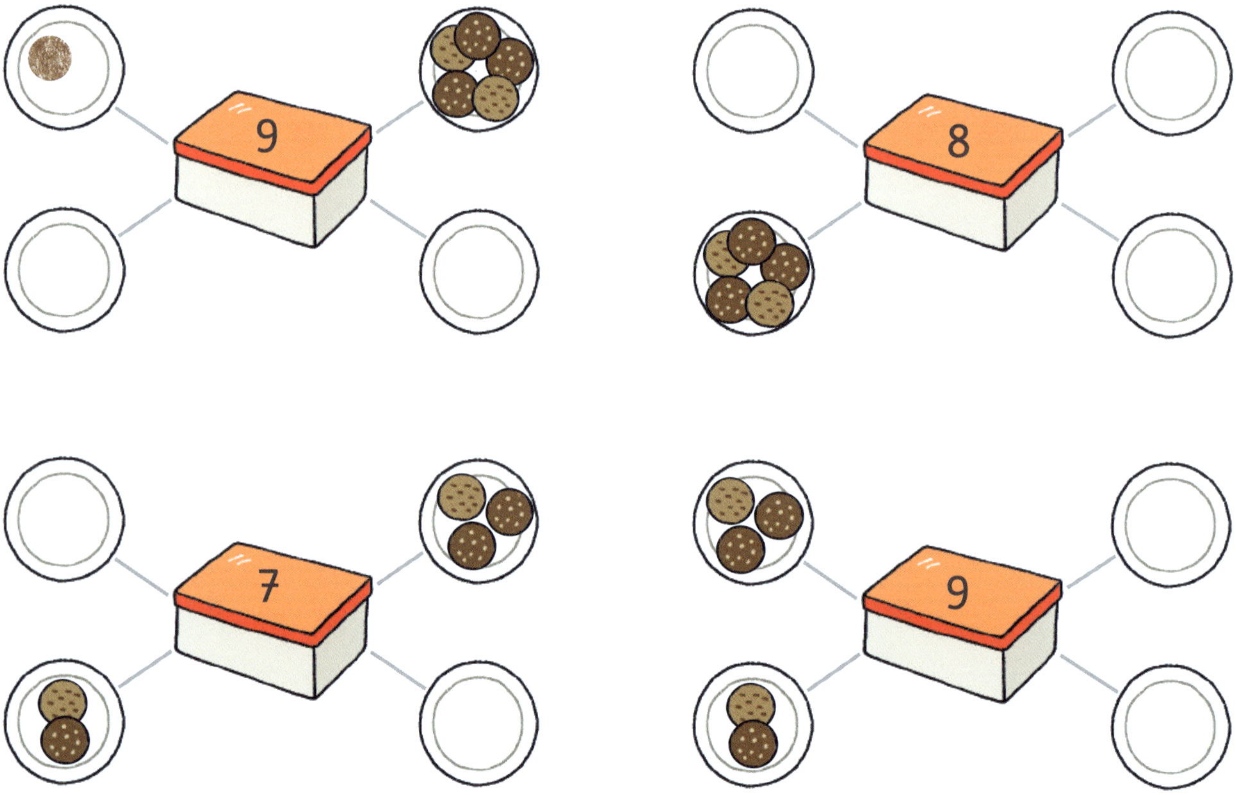

□ ▭→ **Arbeitsbuch 1** S. 52/53

Plusaufgaben mit Trick

9

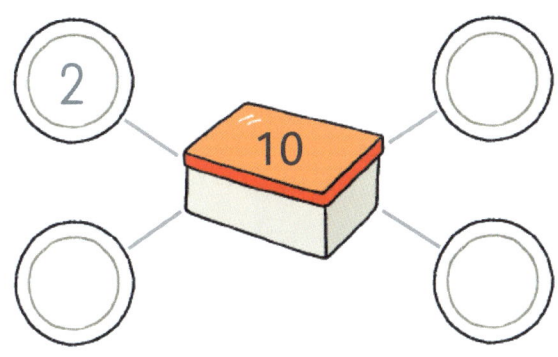

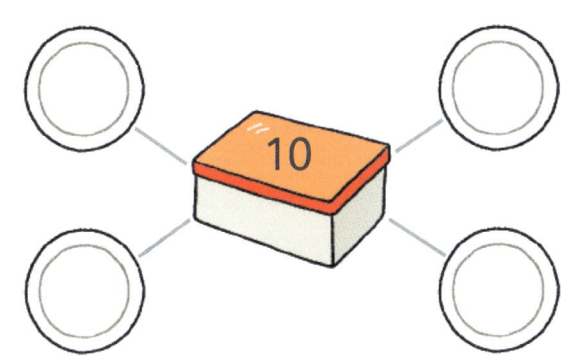

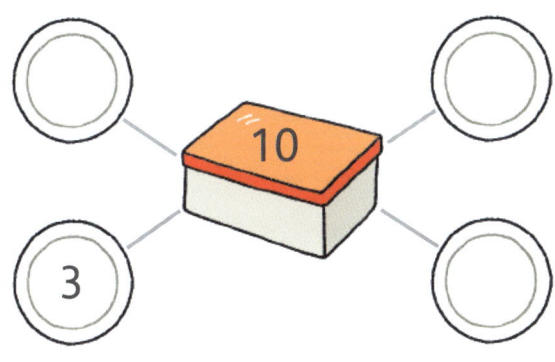

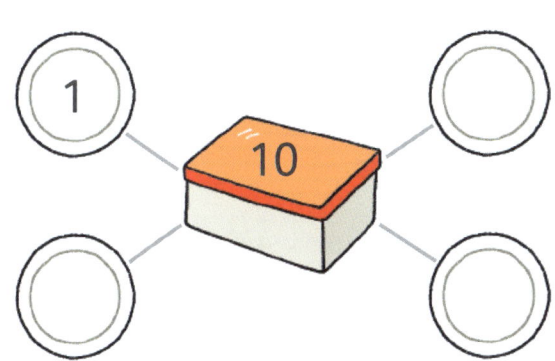

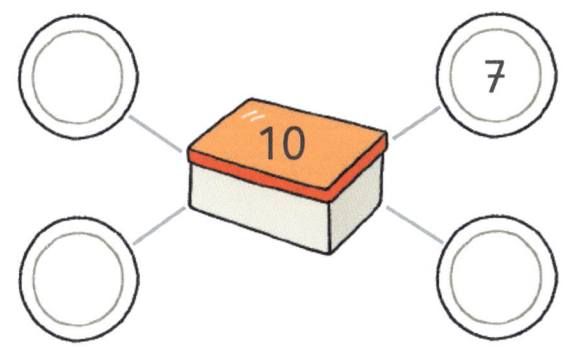

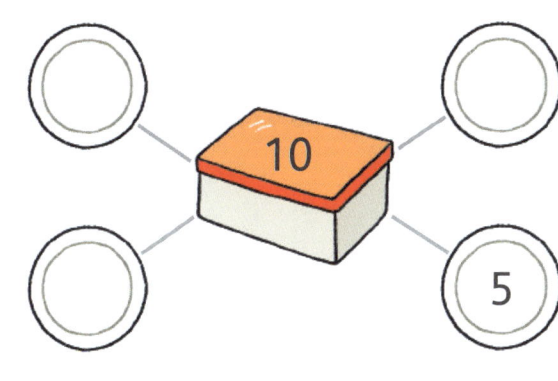

10

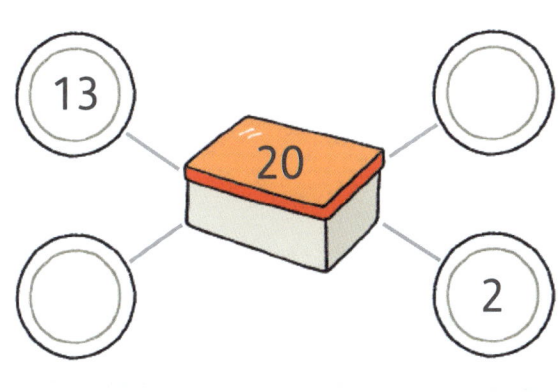

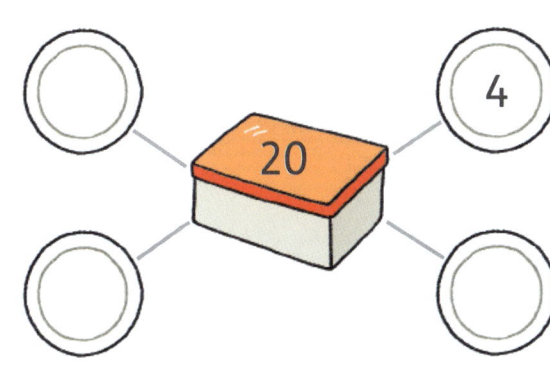

☐ ☐ → **Arbeitsbuch 1** S. 55

Plusaufgaben mit Trick
Vergleichen

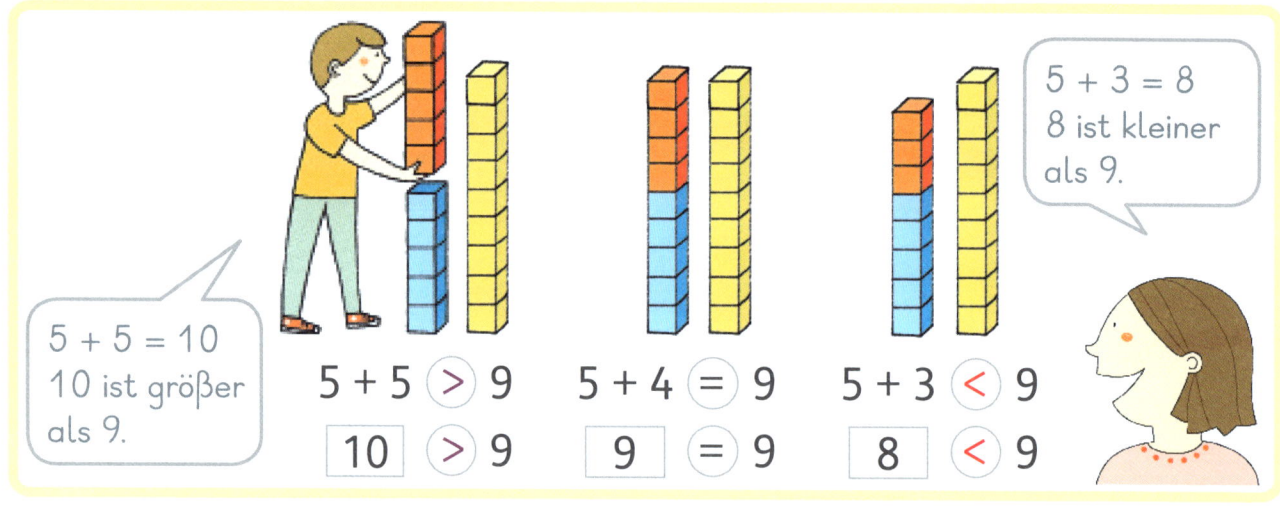

5 + 5 ⟩ 9   5 + 4 = 9   5 + 3 ⟨ 9

10 ⟩ 9   9 = 9   8 ⟨ 9

5 + 5 = 10
10 ist größer als 9.

5 + 3 = 8
8 ist kleiner als 9.

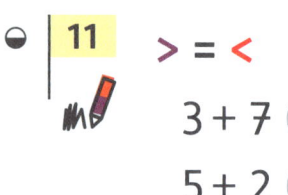

11

> = <

3 + 7 = 10	5 + 5 ◯ 20	2 + 5 ◯ 6
5 + 2 ◯ 10	4 + 6 ◯ 9	2 + 8 ◯ 10
0 + 8 ◯ 10	10 + 8 ◯ 17	15 + 5 ◯ 12
12 + 4 ◯ 10	14 + 3 ◯ 17	13 + 4 ◯ 19

12

3 4 ~~5~~   1 2 3   5 6 7

5 + ⬚5⬚ = 10   5 + ⬚ < 9   2 + ⬚ > 8

3 + ⬚ = 6   4 + ⬚ < 7   4 + ⬚ > 9

1 + ⬚ = 5   8 + ⬚ < 10   5 + ⬚ > 9

13

~~2~~ 3 5   1 3 5   2 6 1

5 + ⬚2⬚ = 7   8 + ⬚ < 10   3 + ⬚ < 10

4 + ⬚ < 8   6 + ⬚ > 8   2 + ⬚ = 8

2 + ⬚ > 5   0 + ⬚ = 5   4 + ⬚ > 5

Plusaufgaben
Entdeckerpäckchen

• **14** Setze fort, soweit du kannst.

1	+	2	+	3	= ☐
2	+	3	+	4	= ☐
3	+	4	+	5	= ☐
4	+ ☐	+ ☐			= ☐

(weitere leere Aufgabenzeilen folgen)

☐ + ☐ + ☐ = ☐

↓ ↓ ↓ ↓
☐+ ☐+ ☐+ ☐+

Schreibe die Aufgaben mit einem Ergebnis kleiner als 10 auf.

Schreibe die Aufgaben, die ein Ergebnis zwischen 11 und 19 haben, auf.

Schreibe die Aufgabe auf, bei der das Ergebnis größer als 20 wird.

Untersuche die Ergebnisse. Was fällt dir auf?

_____

_____

_____

_____

Plusaufgaben
Entdeckerpäckchen

15 Ist das ein Entdeckerpäckchen? Entscheide und verbessere.

7 + 12 = 19		7 + 12 = ☐
6 + 13 = ☐		☐ + ☐ = ☐
4 + 14 = ☐		☐ + ☐ = ☐
3 + 16 = ☐		☐ + ☐ = ☐
2 + 17 = ☐		☐ + ☐ = ☐

☐ ja ☐ nein

16 Hier sind 2 Entdeckerpäckchen durcheinander geraten.
Ordne sie. Es bleiben Aufgaben übrig.

11 + 8   15 + 4   13 + 3   16 + 6   13 + 6

12 + 3   12 + 2   16 + 3   13 + 4   14 + 5

14 + 3   13 + 5   12 + 7   12 + 4   15 + 3

12 + 3 = 15		☐ + ☐ = ☐
☐ + ☐ = ☐		☐ + ☐ = ☐
☐ + ☐ = ☐		☐ + ☐ = ☐
☐ + ☐ = ☐		☐ + ☐ = ☐
☐ + ☐ = ☐		☐ + ☐ = ☐

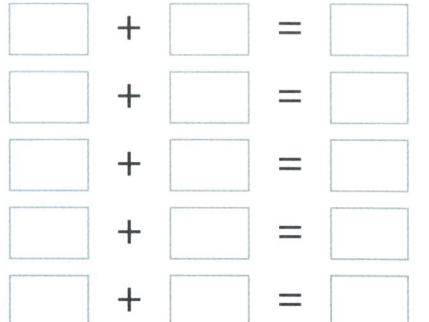

☐ ☐→ Arbeitsbuch 1 S. 65

Plusaufgaben
Rechentricks

17 Finde Aufgaben, die zu den Rechentricks passen.
Du kannst auch Zahlen benutzen, die größer als 20 sind.

Verliebte Zahlen	Tauschaufgabe	Zwerg und Riese
26 + 4 =		

Knobelseite

18 Wie viele Würfelaugen sind auf der Unterseite?

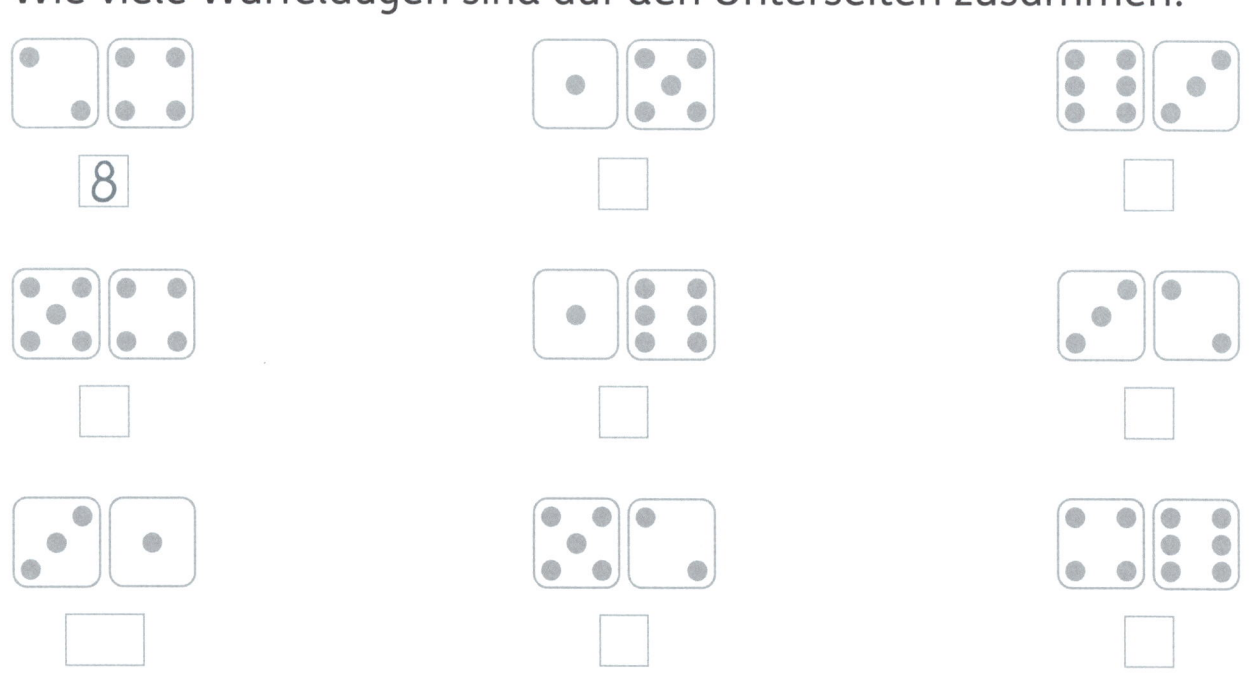

Was fällt dir auf?

_____

19 Wie viele Würfelaugen sind auf den Unterseiten zusammen?

8

20 Löse das Rätsel.

 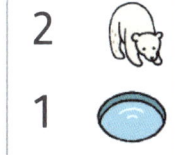 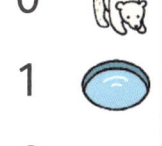   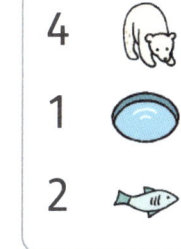

21

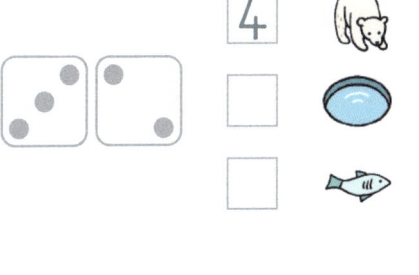

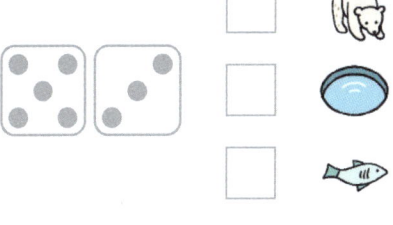

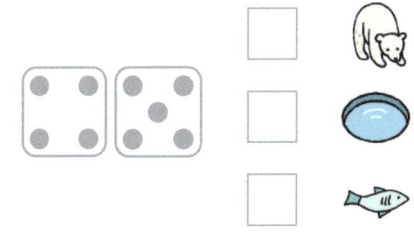

□ 🗂→ **Arbeitsbuch 1** S. 67

23

1 Male an, mit welchen Zahlen du zuerst rechnest.

18 — −2 — −8 = 8

19 — −1 — −9 = ☐

16 — −4 — −6 = ☐

14 — −4 — −9 = ☐

12 — −2 — −5 = ☐

11 — −9 — −1 = ☐

15 — −4 — −5 = ☐

13 — −8 — −3 = ☐

2 Rechne geschickt.

18 — −3 — −5 — −2 — −7 = ☐

17 — −5 — −4 — −1 — −6 = ☐

19 — −8 — −3 — −4 — −2 = ☐

20 — −9 — −7 — −1 — −3 = ☐

Minusaufgaben mit Trick
Zahlenrätsel

3

Wenn ich 10 von dieser Zahl wegnehme, erhalte ich 7. Meine Zahl heißt: _____

Ich nehme von 10 diese verliebte Zahl weg und erhalte 4. Meine Zahl heißt: _____

Diese Zahl muss ich von 12 wegnehmen um 0 zu erhalten. Meine Zahl heißt: _____

Ich nehme von 10 diese verliebte Zahl weg und erhalte 1. Meine Zahl heißt: _____

Diese Zahl muss ich von 20 wegnehmen um 12 zu erhalten. Meine Zahl heißt: _____

Wenn ich von dieser Zahl 3 wegnehme, erhalte ich 5 als Ergebnis. Meine Zahl heißt: _____

_____
_____
_____

Minusaufgaben mit Trick
Vergleichen

4 > = <

13 − 3 ⊜ 10   15 − 5 ◯ 10   9 − 5 ◯ 6

8 − 2 ◯ 5   14 − 2 ◯ 9   6 − 2 ◯ 4

18 − 8 ◯ 14   19 − 1 ◯ 18   17 − 6 ◯ 12

15 − 4 ◯ 9   14 − 3 ◯ 17   13 − 4 ◯ 17

5

| 2 | 3 | 4 | 5̸ | | 1 | 2 | 4 | 5 | | 3 | 4 | 5 | 6 |

15 − [5] = 10   10 − ☐ < 9   14 − ☐ > 8

9 − ☐ = 7   8 − ☐ < 7   18 − ☐ > 10

6 − ☐ = 3   7 − ☐ < 10   6 − ☐ > 1

8 − ☐ = 4   6 − ☐ < 3   7 − ☐ > 3

6

| 1 | 3 | 2̸ | | 2 | 0 | 1 | | 8 | 3 | 2 |

12 − [2] = 10   10 − ☐ < 10   10 − ☐ < 10

9 − ☐ < 8   9 − ☐ > 8   10 − ☐ = 8

8 − ☐ > 5   7 − ☐ = 5   9 − ☐ > 5

| 1 | 9 | 8 | | 4 | 3 | 5 | | 6 | 7 | 3 |

19 − ☐ = 10   16 − ☐ < 14   18 − ☐ < 20

18 − ☐ < 15   20 − ☐ > 15   19 − ☐ = 16

13 − ☐ > 11   18 − ☐ = 15   20 − ☐ > 13

Minusaufgaben mit Trick
Entdeckerpäckchen

7 Ist das ein Entdeckerpäckchen? Entscheide und verbessere.

18	–	15	=	3
16	–	14	=	
14	–	13	=	
13	–	11	=	
12	–	12	=	

18	–	15	=	
	–		=	
	–		=	
	–		=	
	–		=	

☐ ja ☐ nein

8 Hier sind 2 Entdeckerpäckchen durcheinander geraten.
Ordne sie. Es bleiben Aufgaben übrig.

~~16 – 6~~   20 – 15   16 – 4   20 – 18   20 – 16

19 – 15   16 – 5   20 – 17   18 – 14   19 – 18

17 – 6   20 – 19   16 – 2   15 – 5   16 – 3

16	–	6	=	10
	–		=	
	–		=	
	–		=	
	–		=	

	–		=	
	–		=	
	–		=	
	–		=	
	–		=	

Minusaufgaben
Rechentricks

● 9   Finde Aufgaben, die zu den Rechentricks passen.
Du kannst auch Zahlen benutzen, die größer als 20 sind.

Verliebte Zahlen	Zwerg und Riese	Aufgaben mit dem Ergebnis 10
	$29 - 3 =$	

Knobelseite

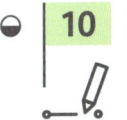 **10** Wer wohnt wo?

Mio wohnt nicht am Wald.

Isa wohnt neben Kalle.

Abu's Haus ist weder blau noch rot.

Mara hat den kürzesten Weg zu Schule.

Leo wohnt zwischen Abu und Ida.

Kalle's Haus ist grün.

Ida's Haus steht ganz allein.

Knobelseite
Brückenproblem

Leonhard Euler war ein berühmter Mathematiker.
Er lebte vor etwa 300 Jahren.
Er wollte einen Spaziergang durch die Stadt Königsberg machen.
Dabei wollte er über jede Brücke nur einmal laufen.

Leonhard Euler

11  Versuche einen Spaziergang über alle Brücken zu machen. Zeichne deinen Weg mit dem Bleistift ein. Du darfst über jede Brücke nur einmal gehen. Geht das? Erkläre.

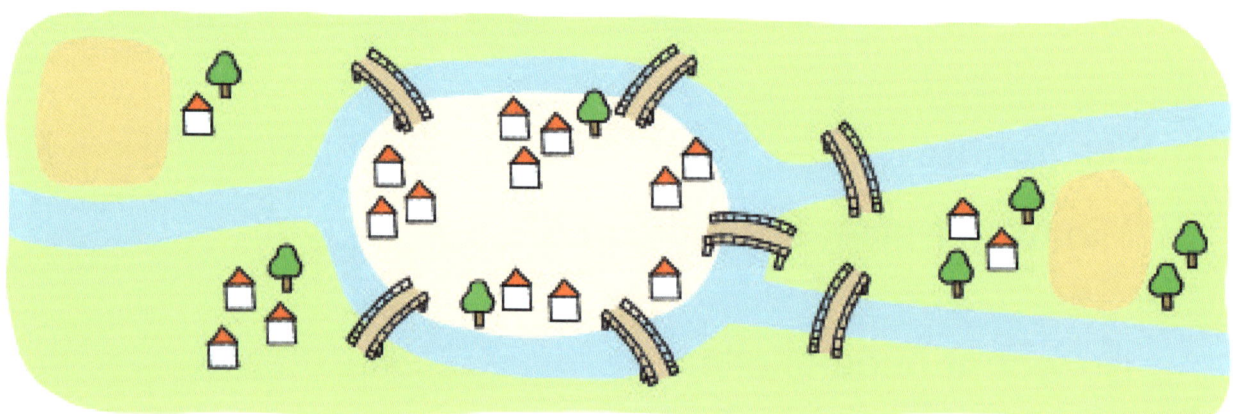

12  Zeichne die 7 Brücken so, dass du über jede Brücke nur einmal gehst.

□ □→ Arbeitsbuch 1 S. 85

$5 + 3 = 8$
$5 - 3 = 2$

$5 \quad 3 = 2$

1 $\boxed{+}$ oder $\boxed{-}$?

$19 \ominus 7 = 12$　　$11 \bigcirc 1 = 10$　　$15 \bigcirc 3 = 12$
$8 \bigcirc 1 = 9$　　$13 \bigcirc 8 = 5$　　$7 \bigcirc 12 = 19$
$7 \bigcirc 9 = 16$　　$12 \bigcirc 1 = 11$　　$18 \bigcirc 7 = 11$
$5 \bigcirc 3 = 8$　　$9 \bigcirc 0 = 9$　　$19 \bigcirc 16 = 3$
$14 \bigcirc 4 = 10$　　$1 \bigcirc 6 = 7$　　$20 \bigcirc 10 = 10$

$7 \bigcirc 2 = 9$　　$11 \bigcirc 5 = 6$　　$19 \bigcirc 5 = 14$
$3 \bigcirc 1 = 4$　　$12 \bigcirc 4 = 8$　　$7 \bigcirc 0 = 7$
$16 \bigcirc 5 = 11$　　$11 \bigcirc 7 = 18$　　$17 \bigcirc 11 = 6$
$4 \bigcirc 9 = 13$　　$8 \bigcirc 6 = 2$　　$10 \bigcirc 10 = 0$
$8 \bigcirc 3 = 5$　　$17 \bigcirc 1 = 16$　　$14 \bigcirc 13 = 1$

2

$2 \oplus 8 \oplus 4 = 14$　　$12 \bigcirc 5 \bigcirc 7 = 10$　　$10 \bigcirc 0 \bigcirc 3 = 13$
$14 \bigcirc 4 \bigcirc 4 = 6$　　$18 \bigcirc 5 \bigcirc 7 = 20$　　$19 \bigcirc 4 \bigcirc 2 = 17$
$15 \bigcirc 5 \bigcirc 2 = 18$　　$11 \bigcirc 3 \bigcirc 3 = 11$　　$10 \bigcirc 3 \bigcirc 2 = 9$
$12 \bigcirc 2 \bigcirc 4 = 14$　　$2 \bigcirc 7 \bigcirc 4 = 5$　　$14 \bigcirc 6 \bigcirc 4 = 16$

Über den Zehner
Zahlenketten

die Zahlenkette

Startzahl	2. Zahl	3. Zahl	4. Zahl	Zielzahl
1	1	2	3	5

Die Startzahl und die 2. Zahl ergeben die 3. Zahl.

Die 2. Zahl und die 3. Zahl ergeben die 4. Zahl.

○ **3**

Startzahl	2. Zahl	3. Zahl	4. Zahl	Zielzahl
1	2	3		
1	3			
1	4			

● **4**

Startzahl	2. Zahl	3. Zahl	4. Zahl	Zielzahl
5	2	7		
	4	5		
	0	8		

☐ ☐→ **Arbeitsbuch 1** S. 95

Über den Zehner
Zahlenketten

5

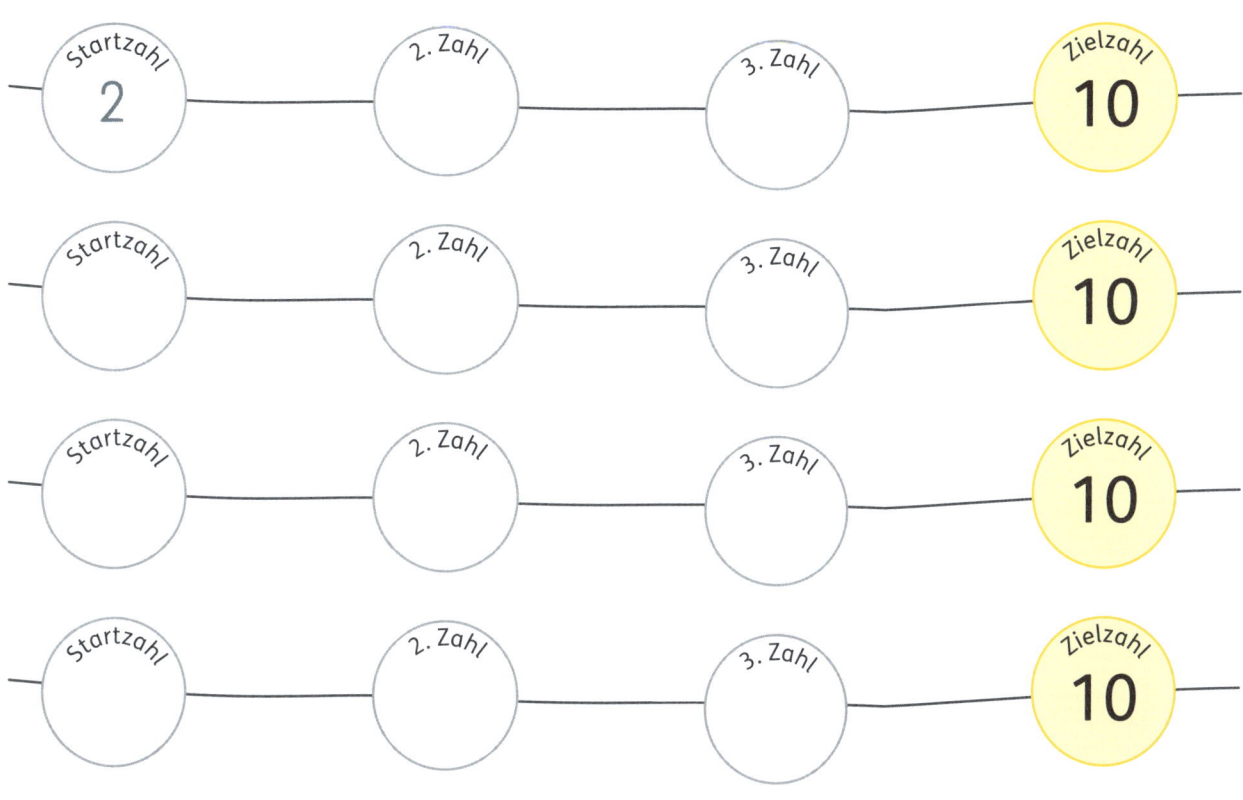

Startzahl **2** — 2. Zahl — 3. Zahl — Zielzahl **10**

Startzahl — 2. Zahl — 3. Zahl — Zielzahl **10**

Startzahl — 2. Zahl — 3. Zahl — Zielzahl **10**

Startzahl — 2. Zahl — 3. Zahl — Zielzahl **10**

6

Startzahl — 2. Zahl — 3. Zahl — Zielzahl **20**

Startzahl — 2. Zahl — 3. Zahl — Zielzahl **20**

Startzahl — 2. Zahl — 3. Zahl — Zielzahl **20**

Startzahl — 2. Zahl — 3. Zahl — Zielzahl **20**

Startzahl — 2. Zahl — 3. Zahl — Zielzahl **20**

□ 🗐→ **Arbeitsbuch 1** S. 95

Über den Zehner
Zahlenmauern

7

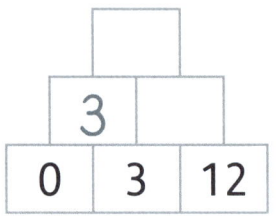

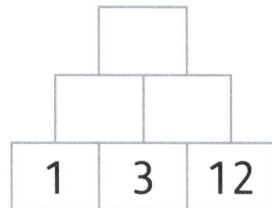

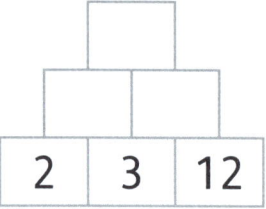

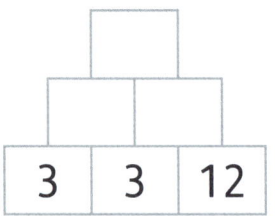

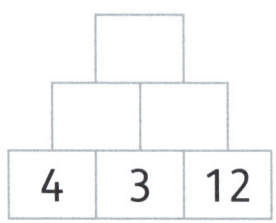

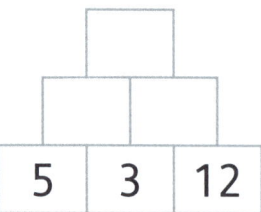

Was passiert mit dem Zielstein, wenn der linke Grundstein um eins größer wird?

_____

_____

🎤 Warum ist das so? Erkläre.

_____

_____

8 Erfinde eigene Zahlenmauern.
Erhöhe den mittleren Grundstein um zwei.

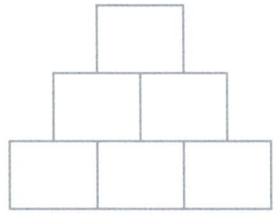

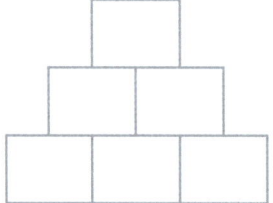

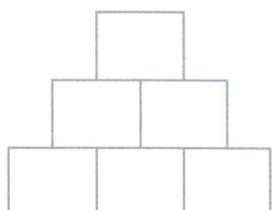

🎤 Was passiert mit dem Zielstein? Erkläre.

_____

_____

Über den Zehner
Zahlenmauern

9

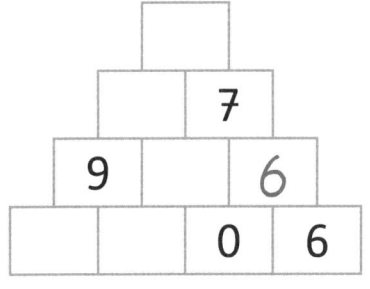

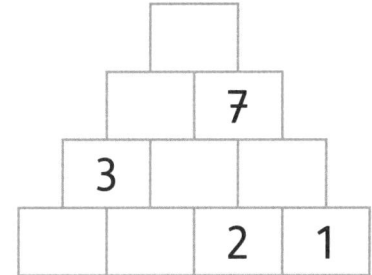

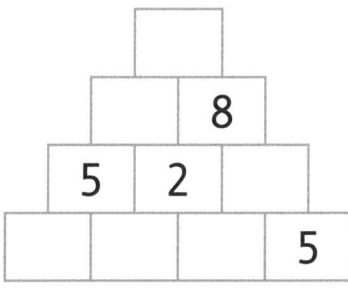

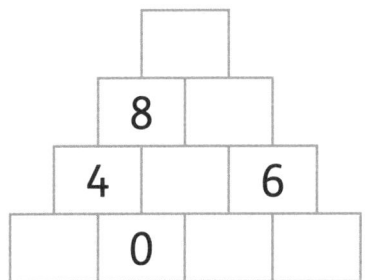

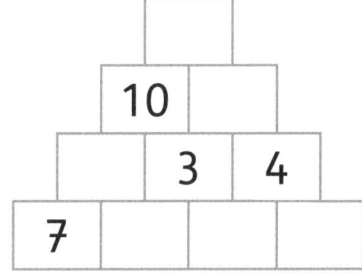

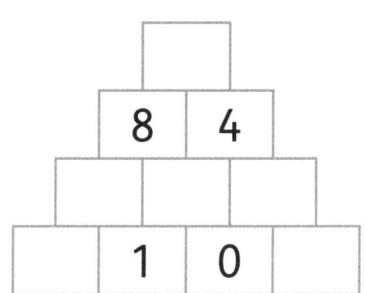

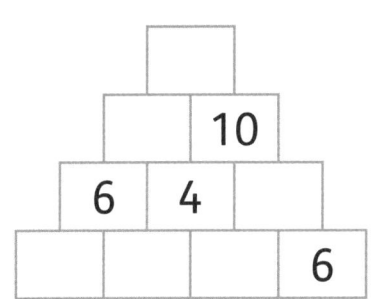

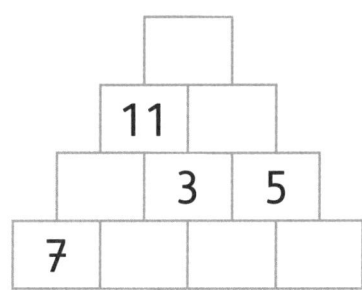

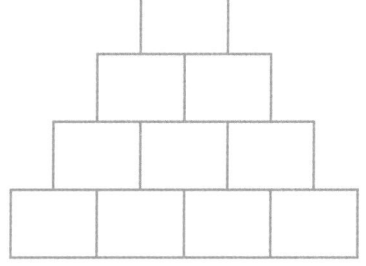

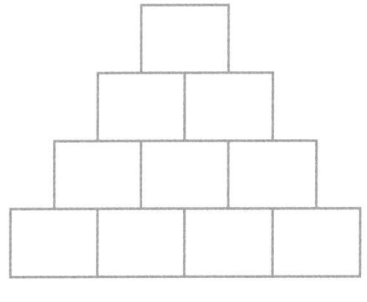

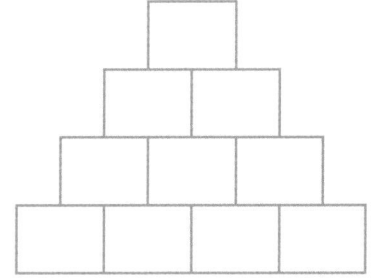

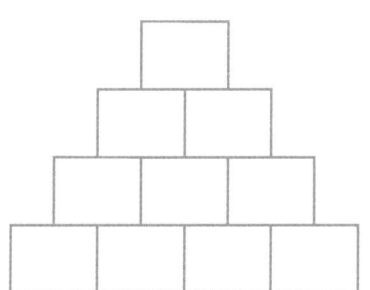

10 Erfinde eigene Zahlenmauern mit einer Zielzahl größer als 20.

Unter den Zehner
Magische Quadrate

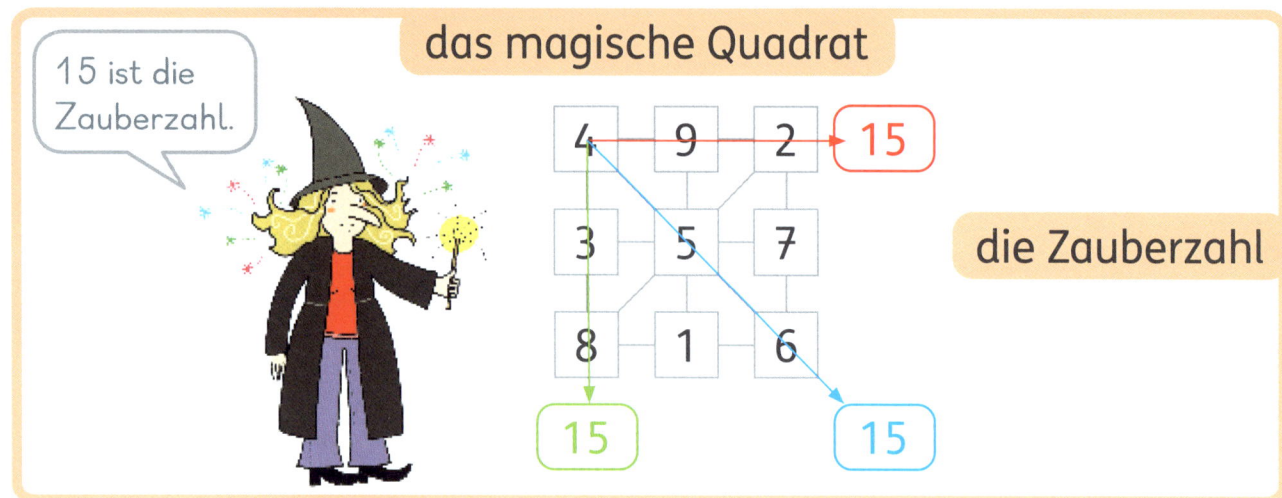

das magische Quadrat

15 ist die Zauberzahl.

4	9	2	→ 15
3	5	7	
8	1	6	

15   15

die Zauberzahl

11

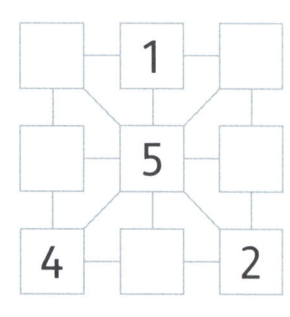

	1	8
7	5	3
2		4

Zauberzahl: ☐

2		4
	5	3
6	1	

Zauberzahl: ☐

	1	
	5	
4		2

Zauberzahl: ☐

🎤 Was fällt dir auf? Erkläre.

_____

_____

12

Schreibe die Zahlen von 1 bis 9 auf quadratische Zettel und baue verschiedene magische Quadrate. Trage ein.

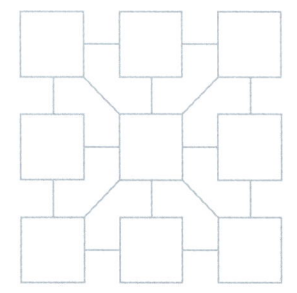

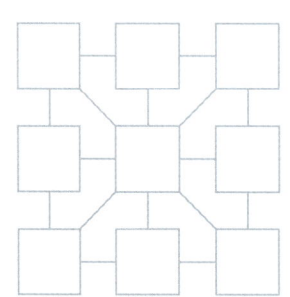

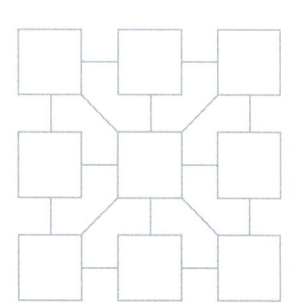

Zauberzahl: ☐

Zauberzahl: ☐

Zauberzahl: ☐

Unter den Zehner
Magische Quadrate

13

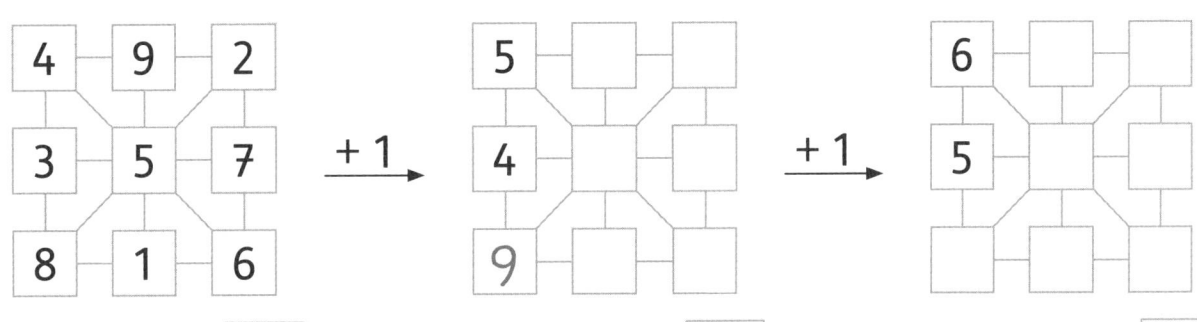

4	9	2
3	5	7
8	1	6

+1 →

5		
4		
9		

+1 →

6		
5		

Zauberzahl: ☐   Zauberzahl: ☐   Zauberzahl: ☐

🎤 Untersuche die Zauberzahlen. Was fällt dir auf?

_____

_____

14

✍ Finde verschiedene magische Quadrate.
Verwende die Zahlen 2, 3, 4, 5, 6, 7, 8, 9, 10.

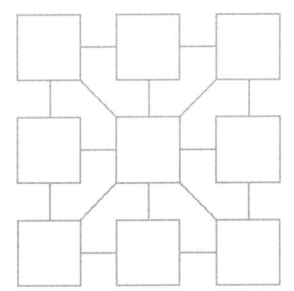

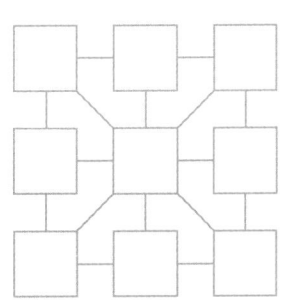

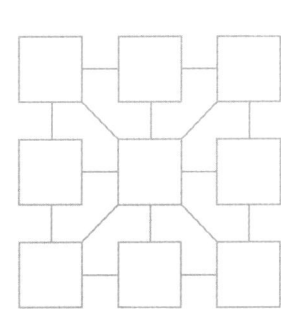

Zauberzahl: ☐   Zauberzahl: ☐   Zauberzahl: ☐

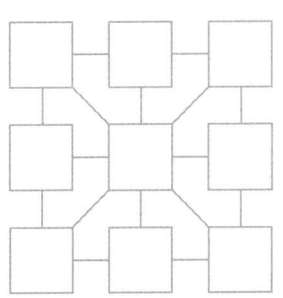

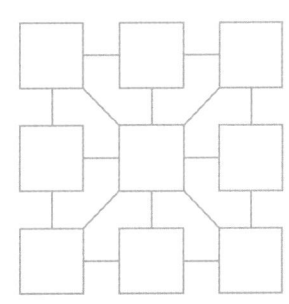

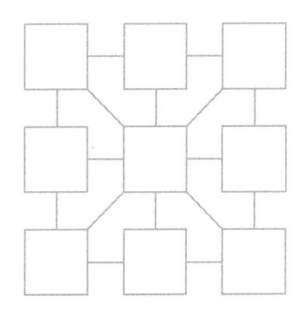

Zauberzahl: ☐   Zauberzahl: ☐   Zauberzahl: ☐

🎤 Wie bist du vorgegangen, um verschiedene magische
Quadrate zu finden?

☐ ☐→ **Arbeitsbuch 1** S. 111

Aufgabenteams

15

3	+	8	=	11			+		=				+		=	
	+		=				+		=				+		=	
	−		=				−		=				−		=	
	−		=				−		=				−		=	

8	+	11	=	19			+		=				+		=	
	+		=				+		=				+		=	
	−		=				−		=				−		=	
	−		=				−		=				−		=	

16 Finde eigene Aufgabenteams mit 4 Kindern.

	+		=				+		=				+		=	
	+		=				+		=				+		=	
	−		=				−		=				−		=	
	−		=				−		=				−		=	

	+		=				+		=				+		=	
	+		=				+		=				+		=	
			=				−		=				−		=	
	−		=				−		=				−		=	

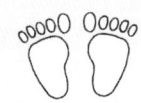

Zählen in Schritten
Plus und Minus

17

$\boxed{+}$ oder $\boxed{-}$?

14 $\ominus$ 7 = 7　　　16 ◯ 9 = 7　　　16 ◯ 5 = 11
5 ◯ 9 = 14　　　14 ◯ 9 = 5　　　8 ◯ 6 = 14
5 ◯ 8 = 13　　　7 ◯ 7 = 14　　　9 ◯ 9 = 0
12 ◯ 4 = 8　　　13 ◯ 6 = 19　　　17 ◯ 12 = 5

11 ◯ 6 = 5　　　15 ◯ 6 = 9　　　5 ◯ 15 = 20
9 ◯ 2 = 11　　　6 ◯ 4 = 10　　　2 ◯ 16 = 18
17 ◯ 8 = 9　　　19 ◯ 3 = 16　　　15 ◯ 14 = 1
9 ◯ 7 = 16　　　7 ◯ 8 = 15　　　9 ◯ 3 = 12

5 ◯ 7 = 12　　　8 ◯ 9 = 17　　　17 ◯ 13 = 4
11 ◯ 7 = 4　　　13 ◯ 4 = 9　　　4 ◯ 8 = 12
3 ◯ 8 = 11　　　18 ◯ 9 = 9　　　18 ◯ 1 = 19
15 ◯ 7 = 8　　　6 ◯ 6 = 12　　　19 ◯ 11 = 8

18

4 $\oplus$ 8 $\ominus$ 2 = 10　　12 ◯ 5 ◯ 7 = 14　　13 ◯ 0 ◯ 7 = 6
14 ◯ 4 ◯ 1 = 11　　18 ◯ 6 ◯ 0 = 12　　13 ◯ 4 ◯ 9 = 18
12 ◯ 6 ◯ 4 = 10　　14 ◯ 8 ◯ 3 = 9　　18 ◯ 2 ◯ 8 = 8
20 ◯ 9 ◯ 4 = 7　　12 ◯ 7 ◯ 8 = 13　　15 ◯ 9 ◯ 4 = 10

16 ◯ 4 ◯ 8 = 12　　14 ◯ 2 ◯ 7 = 9　　13 ◯ 6 ◯ 1 = 20
11 ◯ 4 ◯ 6 = 9　　9 ◯ 5 ◯ 5 = 19　　19 ◯ 6 ◯ 6 = 7
13 ◯ 5 ◯ 2 = 6　　11 ◯ 3 ◯ 3 = 5　　15 ◯ 3 ◯ 9 = 9
17 ◯ 1 ◯ 9 = 9　　12 ◯ 7 ◯ 9 = 14　　14 ◯ 7 ◯ 8 = 15

□ ▭→ **Arbeitsbuch 1** S. 120

Bauer Elmar kommt mit seinem  und seinem  vom Markt. Er hat einen  gekauft.

Der Weg nach Hause führt über einen Fluss.

Das Boot von Elmar hat nur 2 Plätze.

Elmar kann also nicht den , das  und den  auf einmal mitnehmen.

Der  möchte das  fressen.

Das  möchte den  fressen.

Der  mag keinen  .

Wie kann Elmar den , das  und den leckeren  nach Hause bringen?

19 Erkläre deine Lösung.

Knobelseite

🫑 + 🥬 = $\boxed{3}$ 🫑 = $\boxed{2}$

🎃 + 🫑 = $\boxed{5}$ 🥬 = $\boxed{1}$

🎃 + 🥬 = $\boxed{4}$ 🎃 = $\boxed{}$

Hinter dem Kürbis muss sich die 3 verstecken.

20

🎃 + 🍌 = $\boxed{13}$ 🍌 + 🍌 = $\boxed{}$

🍎 − 🍓 = $\boxed{2}$ 🍎 + 🍎 = $\boxed{}$

🍎 + 🍓 = $\boxed{8}$ 🍎 + 🍎 + 🍓 = $\boxed{}$

🍌 − 🍎 = $\boxed{}$ 🍌 − 🍓 − 🍓 = $\boxed{}$

🍓 = $\boxed{}$ 🍎 = $\boxed{}$ 🍌 = $\boxed{}$

21

☀️ + ☀️ = $\boxed{8}$ ☀️ + ☁️ = $\boxed{}$

🌧️ − ☀️ = $\boxed{6}$ ☁️ + ☁️ = $\boxed{}$

🌧️ + ☁️ = $\boxed{17}$ 🌧️ − ☁️ + ☀️ = $\boxed{}$

🌧️ + ☀️ = $\boxed{}$ 🌧️ − ☀️ − ☀️ = $\boxed{}$

☀️ = $\boxed{}$ 🌧️ = $\boxed{}$ ☁️ = $\boxed{}$

☐ ▯→ **Arbeitsbuch 1** S. 123

 **1** Zeichne eine oder mehrere Linien mit dem Lineal ein und verändere die Fläche.

Mache aus dem Rechteck
2 Rechtecke.

Mache aus dem Rechteck
4 Rechtecke.

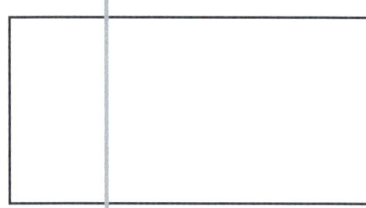

Mache aus dem Quadrat
2 Rechtecke.

Mache aus dem Quadrat
2 Dreiecke.

Mache aus dem Dreieck
2 Dreiecke.

Mache aus dem Dreieck
3 Dreiecke.

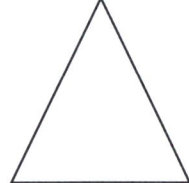

Mache aus dem Quadrat
4 Dreiecke.

Mache aus dem Quadrat
6 Dreiecke.

2  Welche Buchstaben und Zahlen sind symmetrisch?
Zeichne die Faltlinie ein.

W T M A F C H E

3 0 5 4 8 9 6 1 7

3 Ergänze symmetrisch.

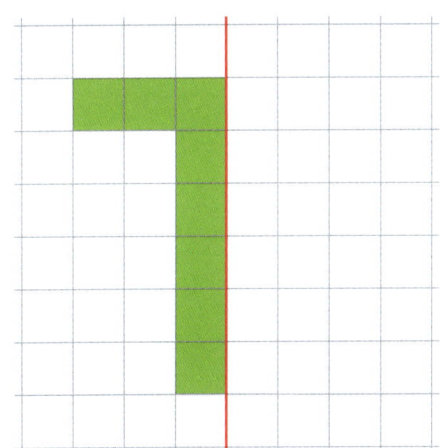

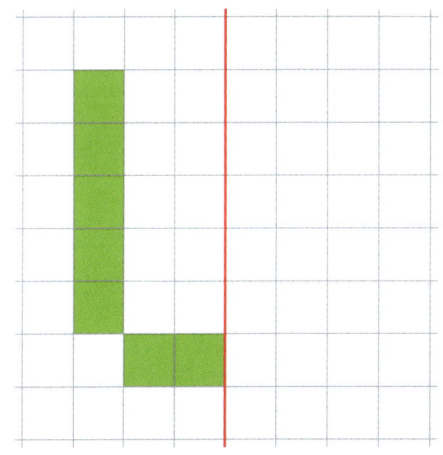

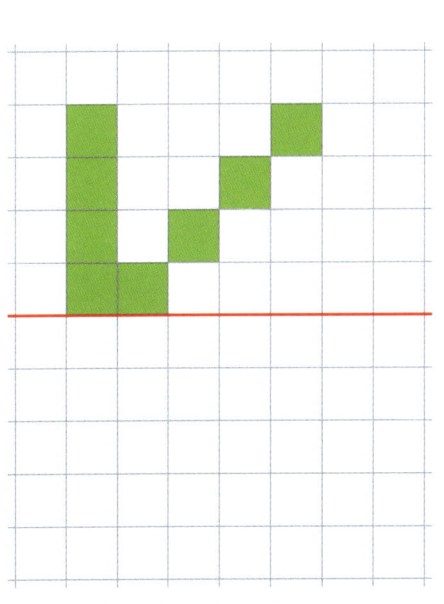

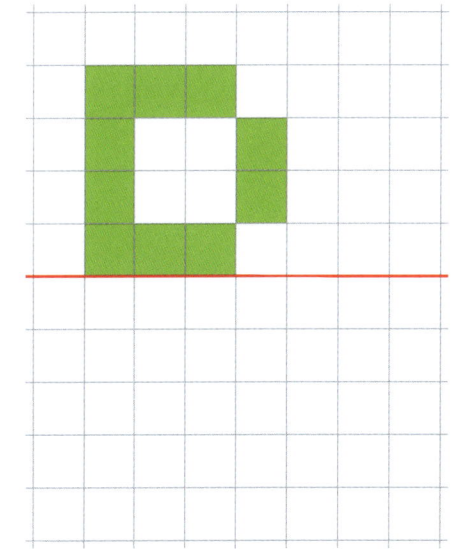

Geld

6 €	8 €	12 €	5 €	1 €

4

Was kannst du dir für 15 € kaufen? Male oder schreibe alle Möglichkeiten auf, die du finden kannst.
Du musst nicht genau 15 € ausgeben.

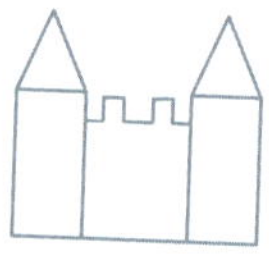

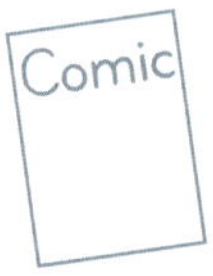

12 € + 1 € = 13 €

Kombinatorik

Ich habe grüne, blaue und gelbe Steine.
Ich baue verschiedene Dreiertürme.

5 Baue Dreiertürme. Finde möglichst viele verschiedene Möglichkeiten.

6 Wie bist du vorgegangen, um alle Möglichkeiten zu finden?

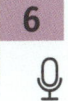

_____

_____

7

Ida, Juna, Maja, Mohamed und Matti treffen sich im Park.
Alle Kinder geben sich die Hand.

Frage: Wie oft wird die Hand gegeben?

Lösung:

Antwort: Die Kinder geben sich [ ] -mal die Hand.

8

Varia, Kalle und Achmed wollen Kekse essen. Alle 3 Kinder
sollen gleich viele Kekse und Kekstüten bekommen.
Es gibt 5 volle, 5 halbvolle und 5 leere Kekstüten.

Frage: Welche Kekstüten bekommt jedes Kind?

Lösung:

Antwort: _____

Knobelseite

> Ich lege 1 Stäbchen um.

9

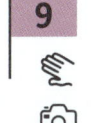

Lege das Ausgangsbild. Lege um oder nimm weg.
Male deine Lösung.

Lege 2 Stäbchen um,
so dass du 2 Quadrate
siehst.

Nimm 2 Stäbchen weg,
so dass du 1 großes und
1 kleines Dreieck siehst.

Lege 4 Stäbchen um,
so dass du 2 Quadrate
siehst.

Nimm 2 Stäbchen weg,
so dass du 1 großes und
1 kleines Quadrat siehst.

□ 🗅 → **Arbeitsbuch 1** S. 149

10 Lege Dreiecke. Verwende höchstens 10 Stäbchen.
Male auf.

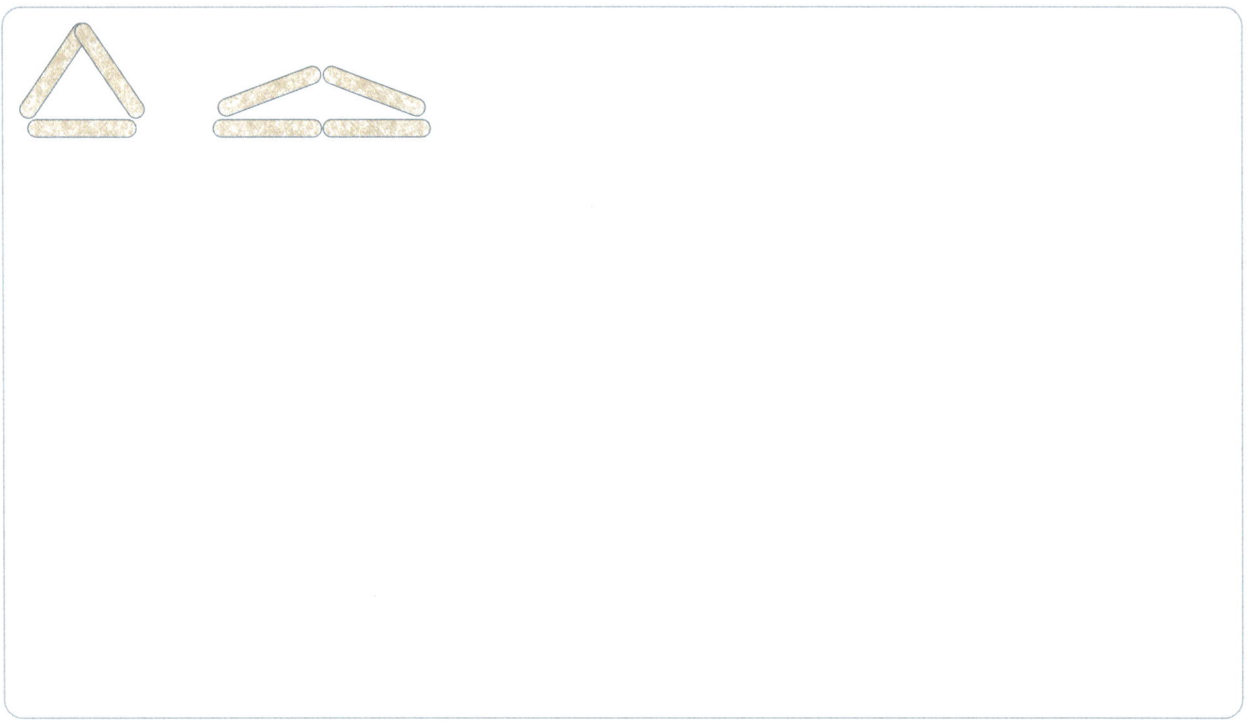

11 Lege verschiedene Vierecke. Verwende genau 10 Stäbchen.
Wie viele Möglichkeiten kannst du finden? Male auf.